奇趣科学馆
QIQU KEXUEGUAN

恐龙
大世界

纸上魔方 编绘

重庆出版集团 重庆出版社

果壳文化传播公司

图书在版编目（CIP）数据

　　恐龙大世界 / 纸上魔方编绘. — 重庆：

重庆出版社，2014.3（2015.10重印）

　　ISBN 978-7-229-07951-2

　　Ⅰ.①恐… Ⅱ.①纸… Ⅲ.①恐龙—儿童读物

Ⅳ.①Q915.864-49

　　中国版本图书馆CIP数据核字（2014）第093685号

恐龙大世界

KONGLONG DA SHIJIE

纸上魔方　编绘

出 版 人：罗小卫

责任编辑：袁婷婷

责任校对：杨　婧

封面设计：纸上魔方

技术设计：纸上魔方

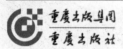

重庆长江二路205号 邮政编码：400016 http://www.cqph.com

重庆天旭印务有限责任公司印刷

重庆出版集团图书发行有限公司发行

E-MAIL：fxchu@cqph.com 电话：023-61520646

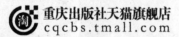
重庆出版社天猫旗舰店
cqcbs.tmall.com

全国新华书店经销

开本：787mm×1092mm　1/16　印张：8

2014年7月第1版　2015年10月第2次印刷

ISBN 978-7-229-07951-2

定价：22.50元

如有印装质量问题，请向本集团图书发行有限公司调换：023-61520678

目 录

恐龙是怎么被发现的？

在距今2亿3000万年至6500万年前，大约1亿6000万年的时间里，地球上生活着一大类形态各异、种类繁多的爬行动物，它们就是恐龙。由于没有人见到过活的恐龙，因此，人们从发现恐龙到认识它们，可是费了很大一番功夫呢！

人们对恐龙的发现缘于化石，这里还有一个神奇的故事呢！

据记载，在19世纪初，英国南部一

个叫刘易斯的小镇上，一位名叫曼特尔的年轻医生和他美丽的妻子居住在这里。丈夫曼特尔喜欢考古，研究古生物化石，还经常带着妻子到野外去采集和研究古生物化石。时间一长，曼特尔夫人对考古工作也产生了兴趣。

1822年3月的一天，曼特尔先生出去行医了，曼特尔夫人独自出门散步。走着走着，路边碎石堆中一块奇怪的石头把她吸引了，她小心翼翼地捡起这块石头，发现它原来是一颗巨大的动物牙齿化石，于是把它带回了家，仔细地进行了研究。

曼特尔夫人研究半天，也没有结果。曼特尔医生下班回到家，被这颗牙齿化石巨大的体

形震撼了。这究竟是什么动物的化石呢？他陷入了深深的思考中。

两年后，伦敦博物馆里一颗鬣蜥的牙齿化石让曼特尔产生了联想。他将这颗鬣蜥的牙齿化石与家里的这颗牙齿化石进行比对，又根据一个尖骨，他得出结论，这些牙齿化石属于一种史前爬行动物。他还给化石起了一个名字，叫"鬣蜥的牙齿"。随后，中国古生物学家把长有这种牙齿的动物称为"禽龙"。

曼特尔还根据鬣蜥的身体比例推算出了禽龙的体形，其得出了十分惊人的结论——这些牙齿的主人是一只18米长的巨兽！经过艰辛的努力，曼特尔将其复原，呈现在人们眼前的是一种中生代的统治动物。1825年，曼特尔在《英国皇家学会学报》上公布了他的发现。从此，古生物学界拉开了研究恐龙的序幕。1841年，年轻的英国古生物学家欧文第一次把这种巨大的爬行动物称为"恐龙"，意思是"大得令人恐怖的蜥蜴"。

后来，考古学家又在英国东南部、加拿大西部、美国的得克萨斯州等地方发现类似的化石，后来经过考证，这些都是恐龙骨骼的化石。随着科技的发展，人类陆续取得了恐龙研究的进展和成果。

恐龙命名

根据科学惯例，当新的恐龙被发现时，人们都要给它取名字。恐龙的命名往往与它们的形状、习性有关，如似鸟龙与今天的鸟非常相似。有时候也以残骸出土地区来给恐龙命名，或者以发现者和对恐龙研究作出卓越贡献的专家来命名。

恐龙都有哪些类别？

恐龙是一个庞大的家族，是中生代地球庞大的统治者。它们在地球上生存了约1亿6000万年之久。恐龙的足迹也遍及世界七大洲，那么，你知道恐龙有哪些类别呢？

恐龙家族庞大，长相各异，形态差别较大，加上人们对恐龙的起源以及恐龙的亲缘关系还不是很清楚，所以对恐龙的科学分类，还是一个难题。

长期以来，人们对恐龙的分类有很多种依据，但是比较普遍的

是根据恐龙骨盆形态的不同，划分为蜥臀目和鸟臀目两大类。蜥臀目的骨盆像蜥蜴的骨盆，鸟臀目的骨盆像鸟类的骨盆。

蜥臀目恐龙又包括了两类：兽脚类和蜥脚类。所有吃肉的恐龙都属于兽脚类，如霸王龙、跃龙、永川龙及小型的虚骨龙类。所有的身躯庞大、脑袋很小、长颈长尾的恐龙都是蜥脚类，它们以植物为食，如雷龙、梁龙、马门溪龙等。

鸟臀目全是以植物为食的恐龙，有四足行走的，也有两足行

走的，可以分为鸟脚类、剑龙类、甲龙类和角龙类四类。著名的恐龙成员有：鸭嘴龙、沱江龙、华阳龙、甲龙、三角龙等。

虽然按骨盆的构造对恐龙进行分类比较方便，但是这种分类的方法也有缺陷。随着科学的发展，近几年来科学家有重大发现，即有的恐龙的骨盆构造既不完全像蜥蜴，也不完全像鸟，这让古生物学家很为难，看来在恐龙分类方面人类还需要努力，找到更严谨的分类方法。

恐龙是如何称霸地球的？

　　三叠纪早期，恐龙的祖先——槽齿类爬行动物，还是一个不起眼的角色。那时候，地球上居于统治地位的是半龙半兽的似哺乳类爬行动物。陆地、天空都属于它们。地球上满是裸子植物，还没有进化出禾本植物和有花植物。

　　到了三叠纪中晚期，这时期是爬行动物的天下。形式发生了戏剧性的变化，先前称霸地球的哺乳动物迅速衰落，甚至到后来慢慢绝迹了。

　　与之相反的，槽齿类爬行动物却越来越强大，繁衍出了大量的类群，且从中繁衍出了恐龙这类后起之秀。

　　最早的恐龙是一些身形较小、机智灵敏的捕猎动物，有的恐龙只有鸡一般大小。随着时间的进展，中生代中期，有些恐龙养成了素食的习惯，这些恐龙进化成了更大的身体，长颈适应向高处摄食的需要，它们四脚着地行走。

　　也许你会好奇，为什么有的恐龙会变得如此庞大呢？这是它们适应环境的结果。中生代，地球的大部分是热带及亚热带气候，以苏铁、蕨类等为主的大型植物在森林里生长茂盛。这些丰富的植物是蜥脚类以及植食恐龙的主要食物来源，有了丰富的食物，恐龙就变得越来越庞大了。

　　与此同时，恐龙的种类也日渐多了。既有植食恐龙，也有肉食恐龙。肉食恐龙又进一步分化，一部分凶猛，一部分温顺。植食恐龙也产生了不同的种类。有的脖子长，有的脖子短；有的个子高，有的个子矮。

　　很快地，恐龙成了地球上的主宰，称霸了1亿6000万年左右。那么，恐龙的祖先凭借了什么优势，战胜了对手而称霸地球呢？有科学家推测，槽齿类爬行动物是靠"武力"打败了劲敌的。槽齿类爬行动物是肉食动物，它们四肢强劲有力，而且在

进化过程中获得了后肢行走的能力，行动灵活。此外，二叠纪以后，地球气候温暖，年温度差不明显。气候环境的稳定，让槽齿类爬行动物更好地生存繁衍。

相反地，哺乳类爬行动物则喜欢偏寒冷恶劣的气候，再加上它们不能用后肢行走，仍然处于半爬行状态，大大削弱了它们的生存竞争能力。使得它们与凶猛的槽齿类爬行动物交手时，屡屡失利，最后，槽齿类爬行动物胜出，它的后代变成了地球上占优势的动物。

三叠纪爬行动物

科学家研究发现，恐龙出现的时候，陆地的大部分都是被太阳直射的。那时整个大陆都和今天的赤道地带一样炎热，有可能温度还要更高。三叠纪时期称霸地球的爬行动物除了恐龙、海洋爬行动物，还有飞行爬行动物。海洋爬行动物的代表是蛇颈龙，飞行爬行动物的代表是翼龙。

恐龙住在公寓里吗？

人类居住的房屋各式各样，有现代城市的高楼，也有东南亚居民的水上房屋，还有爱斯基摩人的冰屋……那么，恐龙住在什么样的房子里呢，是洞穴，还是和人类一样的公寓呢？

恐龙可不像人类那样，以单个家庭为单位分散居住。恐龙是群居的动物，它们常常集群居住在一起。科学家从发掘的恐龙巢穴遗址得到了证实。古生物学家在美国的蒙大拿州、阿根廷的奥卡玛胡佛发现了大规模的恐龙巢穴遗址。每个遗址大约都有20个巢穴，这些巢穴都筑得十分靠近，这个现象表明恐龙是群居动

物。草食性恐龙群居这样更
有利于抵抗肉食恐龙的袭击；肉食性恐
龙集体出动可以捕到体形庞大的草食性恐龙。

恐龙挖掘巢穴，能用来哺育后代。有的恐龙在沙地挖一个大
窝，周围水土堆成小山形状，这个窝就是恐龙的巢穴了，恐龙妈
妈就在这个巢穴里养育恐龙宝宝。

科学家还发现，恐龙喜欢在海边筑巢，是因为海边柔软的泥
沙能够保护产下的蛋，防止其破碎。如不久以前，古生物学家在
位于欧洲比利牛斯山脉南部的西班牙境内，发现了距今大约6500
万年至7000万年前的白垩纪晚期的海滨沉积物中有大量的恐龙骨

骼化石碎片和恐龙蛋化石。
古生物学家考察了这一地区
的古海岸的化石，发现这是一个巨大的恐龙筑巢地。这种大规模
的恐龙筑巢地是世界上迄今为止所知道的最大的。

　　还有的恐龙为了产蛋，会在一个空洞里一连挖好几个窝，而
且学会采集干枯的树叶或其他植物，覆盖在蛋的上面，再堆上好
几层树叶，这种做法让它们觉得恐龙蛋非常安全。

　　恐龙还是很会持家省事的动物呢！有时候它们的巢穴会重复
利用。第一年用于产蛋的窝巢，第二年会接着使用。在蒙大拿州
的一处遗址，即有名的"蛋山"，古生物学家在更深的地层中发
现了年代更久远的恐龙巢穴遗址。这表明恐龙年复一年地回到同
一地点产蛋。

恐龙到底有多大？

不管是电影里，还是书本上，还有恐龙博物馆，人类还原的恐龙的模样和体形都大得惊人。那么恐龙体形到底有多大呢？

恐龙家族中既有大个子，也有中个子和小个子。大个子较少，而中小个子比较多。

科学家根据双腔龙脊椎化石推论出，蜥脚类易碎双腔龙可能是生物史上最大的陆地动物，它能长到约60米长。据科学家估算，腕龙和南极龙的体重都在70至80吨。为了支撑如此沉重的身体，所以，它们的四肢也长得非常地粗壮。

不仅个子大，身体重，有的恐龙的身高也很高呢！著名的霸王龙，从头到尾长达15米，站起来有6米多高，相当于两层楼那么高了，可真是一个庞然大物啊！

如果你对霸王龙的大个子感到震惊，那我要告诉你更不可思议的是，霸王龙还只是恐龙家族里的中等个子，真正庞然大物的是蜥脚类恐龙，如马门溪龙、雷龙、梁龙、腕龙等，身体更长，

个子更高。美国发现的梁龙身长约26米，震龙身长竟达到42米，比梁龙长出了16米之多。

恐龙家族中并不都是这么高大的，也有小个子成员。如鸵鸟龙、窄爪龙、恐爪龙等，它们身长只有2米左右。

科学家也很困惑，为什么有些恐龙长得大，这对它们生存有什么好处？有人认为，像人类一样的哺乳动物长到一定年龄就不长个了，可是恐龙不一样，恐龙有着无限的生长力，只要活着就会不停地生长。如大型的蜥脚类恐龙能活200多年，在这200多年里都在不停地生长，个头必然会长得很大。

科学家推测，恐龙不停地生长最大的原因是本身遗传因素，当然也有外部原因，如跟当时地球上空气密度、气候温暖、食物充足等有关，也有人说是当时的地心引力较小，还有人说可能与宇宙因素有关。

恐龙庞大的躯体对占领生活环境、争夺食物、称霸地球非常有利。植食恐龙个子大有利于自卫，食肉恐龙越长越大有利于捕获猎物。

恐龙的多样性

迄今为止，人们已发现了数百种恐龙，它们的形态各异：有的和小狗差不多大，有的又有10头大象那么大；有的恐龙拥有锋利无比的牙齿，可以瞬间撕碎任何猎物；有的只长有没有牙齿的喙，只能吃植物；有的恐龙脸部长角，有的恐龙头上长冠，还有的恐龙脖子上长有颈饰。

恐龙的皮肤是什么颜色的呢？

恐龙的皮肤到底是什么颜色？只有一种颜色还是五颜六色的？我们都不得而知。虽然古生物学家们发掘出了恐龙的皮肤化石，但是经过漫长的石化过程，颜色早已褪掉了。那么，恐龙皮肤的颜色是不是和我们今天看到的爬行动物一样呢？还是有其独特的地方？

长期以来，人□□□哺乳动物皮肤颜色的影响，认为恐龙皮肤的颜色也是单□□□□灰色或者草绿色。后来，出现了

"鸟类是从恐龙进化而来的"学说后，有人提出了恐龙可能也和鸟类一样，皮肤是艳丽的颜色。有些恐龙把皮肤作为夸耀自己的"本钱"，特别是在配偶面前，更是使尽浑身解数尽情地展示自己漂亮的色彩。

　　虽然人们发现了角龙类恐龙和鸭嘴龙恐龙的皮肤化石，但是经过漫长岁月的侵蚀，化石并没有留下恐龙皮肤的颜色，所以，恐龙皮肤到底是什么颜色，我们不得而知，现有的结论也是科学家的推测。

现在的一些鸟类和蜥蜴类，雌雄两性的颜色不一样。雄性动物的颜色一般都明亮华丽，而雌性动物的颜色大多灰暗而且单一。这样以来，雌性可以避免暴露自己，更好地保护自己、保护幼崽。由此，我们可以推论：雌雄恐龙的颜色也是不同的。

科学家们认为大多数恐龙都是会伪装的，它们皮肤上的图案会与周围环境吻合。比如恐爪龙皮肤的颜色就可能是灰黄色的，这样可以和周围的沙土和植物的颜色相似，不容易被发现。而群居的恐龙可能和斑马一样，长有很奇特的斑纹。当它们聚集在一起的时候，捕食者很难把它们从群体中找出来，这样可以帮助它们赢得逃跑的时间。

恐龙能长命百岁吗?

要了解恐龙的寿命,我们先来看看其他动物的寿命,芬兰有一个动物园园长,他对动物的寿命做了系统的研究。从动物寿命谱中,他发现龟的寿命最长,而排在第二位的是恐龙,相比之下,哺乳类动物的寿命最短。

那么,恐龙的寿命有多长呢?人们一般认为,恐龙的寿命因

为它们的生活习惯、生活区域等的差异而不同。上了年纪的恐龙会像人类一样，衰老，行动不灵活，病痛也多，体力也会不支，在危险重重的自然界中，它们很容易遭受肉食恐龙的攻击而丧生。所以恐龙在没有"安全保障"的中生代，很难活到它们应该活的最高年岁。因此，这些恐龙因为意外，死亡的时候年龄一般为120岁。所以，120岁并不是它们享有高寿的恐龙的寿命。

恐龙的寿命因为它们的体形大小的差异而不同。一般地，植食恐龙可能比肉食恐龙活的时间更长，而大型恐龙可能要比小型恐龙寿命长。一些小型的恐龙最多能活几十年，而庞大的梁龙、雷龙却能活到200年以上，相差悬殊挺大的。

如果恐龙没有受到外界环境的侵害，在养老保障良好的机制下，它们一般都能活到将近200岁呢！可见恐龙是较长寿的动物，怪不得称霸地球这么长时间。

不管怎样，某些种类的恐龙活一两百岁是不成问题的。恐龙是除了龟以外，寿命最长的动物。

恐龙跑得快吗?

爬行动物最大的特点是爬行，如蜥蜴、乌龟等肚皮贴着地面，四肢由身体下方向前伸出，在地面匍匐前进，这种运动方式不仅慢而且很费劲。恐龙也是爬行动物，那么，它们是不是也是这种运动方式呢?

如果你爱动脑筋，不难思考到，如果恐龙真的是一种只能爬行的动物，那么它们要在地球上称霸1亿6000万年之久，就值得怀疑了。恐龙之所以成为当时地球的主角，它们的运动方式起着非

常重要的作用。

　　科学家经过研究发现，恐龙既会四足行走，也会奔跑。它们是站立行走的，行走的姿势与大象、牛、马差不多。有个学者对雷龙足迹化石进行研究发现，雷龙前、后脚的步距为3.6米，左、右脚的间距仅有1.8米，即相当于雷龙身躯的宽度，这足以证明恐龙是站立走路的。

　　肉食恐龙为了追捕猎物，必须孔武有力，奔跑的速度也必须很快。经过科学测算，肉食恐龙的行走速度大约是每小时6～8.5千米，而大型的植食恐龙不需要去追捕猎物，庞大的身体只需

要用来保护自己就可以了，所以它们只能缓慢地移动。植食恐龙速度慢些，大约是每小时6千米。遇到紧急情况时，所有的恐龙都会快速奔跑起来，速度可达每小时16～20千米。

恐龙奔跑的速度是怎么得来的呢？是科学家们根据脚印化石测算出来的。通过对大量动物奔跑速度与跨步关系的研究，他们发现恐龙脚印间的距离越大，它的移动速度就越快；如果脚印间的距离很短，那么它的奔跑速度就较缓慢。

惊人的速度

两脚行走的鸭嘴龙每小时能行走约18.5千米，如果遇到"追兵"，它能跑得像马一样快，很快就会消失得无踪影。四脚行走的角龙也跑得快，可以说是植食性恐龙里跑得最快的，在短时间里可以跑三十多千米，甚至能把霸王龙都吓得逃避呢！

恐龙会游泳吗？

恐龙会不会游泳？这是古生物学界一个充满争议的话题。众所周知，恐龙习惯在比较干燥的陆地上生活。然而，恐龙生活的时期，河流湖泊十分多。恐龙要生存繁衍，是不是也要练就游泳的本领呢？

恐龙的化石在世界各大洲都有发现，表明恐龙并不是固定在一个地方生活，它们为了觅食要在各栖息地之间自由搬迁，也要

远走他乡去开发新的领地。因此，不少恐龙应该是会游泳的，但它们应该没有漂洋过海那么好的水性。

中外古生物学者在中国四川省西南部昭觉县有震惊世界的发现——中国首例确凿的肉食恐龙游泳足迹化石，这为恐龙会游泳提供了有力的证据。这类足迹目前在全球仅发现数例。这是一道典型的肉食恐龙游泳足迹，每个足迹都由三道长长的、平行的爪痕组成，沿着岩壁一路往上。

以前人们认为肉食恐龙可能是"旱鸭子"。后来因为发现了肉食恐龙在湖水中追逐植食恐龙时留下的足迹化石，才得以证明肉食恐龙也会游泳。据分析，肉食恐龙在游泳时，为了加快速度和改变方向，不时用后脚猛蹬湖底。科学家还有更惊人的发现，通过对许多恐龙的骨骼化石研究，发现它们可能患过关节炎，而这种病是由于深海潜水引起的。

　　那么，肉食恐龙是如何游泳的呢？通过研究化石足迹发现，它们应该是通过后肢的交替运动，双腿像桨一样提供推力，很可能和小狗游泳一样。

　　植食性恐龙又是怎么游泳的呢？人类从雷龙的一块脚印化石发现植食类恐龙游泳的特点。如蜥脚类恐龙在逃避肉食龙的追捕时，常进入河湖之中躲避，由于它们有很长的脖子，10多米深的水淹不了它们。雷龙游泳时前脚向前迈进，后脚踢水，在湖底留下脚印，当转方向时，四脚同时触地。鸭嘴龙前脚带蹼，尾巴扁平，无疑是天生的游泳家，它在水中靠尾巴的左右摆动，能游得很快。

恐龙怎么谈恋爱的？

进化、繁衍后代是自然界生物得以延续的法则。恐龙，这种大自然有史以来最复杂、最精密、最高度进化的物种，是怎样延续后代呢？它们是通过怎样的方式找到自己的另一半的呢？

恐龙虽然在地球上耀武扬威了1亿6000万年之久，然而，并不是所有的恐龙都有机会拥有后代。为了求爱并赢得繁衍后代的权

利，高大凶狠的雄性恐龙们要经历选对象，竞争，成功后还要甘当"妻管严"。

正如恐龙巨大有点儿笨拙的体形一样，这些庞然大物的恋爱一点都不浪漫。恐龙们选择对象的时候，没有浪漫的举动，而是雄性看着雌性，雌性看着雄性，都在评估对方的基因潜质。似乎都在思考：你的基因好吗？你我的基因结合，是否能产下健康的、有竞争力的后代呢？

在挑选好对象后，雄性恐龙还面临着如何击败其他竞争对手，它们要更加警觉、视觉更好、更具有攻击性。食肉恐龙发达的杀戮工具变得更加致命。15岁~18岁的雄性恐龙，有时候会挑战经验更丰富的年长雄性。斗争因争夺配偶而起，但有时候会演变成生死决斗。雄性恐龙必须跨过这些门槛，才能获得与雌性恐龙交配的权利。

幸运的是，大多数时候，它们的目标并非将对手置于死地，这全是为了将自己的基因传给下一代。要想拥有子孙后代，雄性恐龙除了要和同性竞争者一决高下，还要想尽办法讨取野蛮女友的欢心，即使凶猛的霸王龙也不例外。

找到对象后，恐龙就可以交配了。对卵生动物而言，通常都是在春末或者夏天，这样卵才能在每年最温暖的季节孵化，那时的天气最适合繁殖后代。不要担心恐龙掌握不了时间，因为它们会对季节变化做出反应。快到繁殖期的几周内，恐龙的身体会产生激素变化。当冬季逝去，白天开始变长，恐龙眼睛后方的传感器会对光线的变化做出反应，迅速地向大脑传达信息。信号触发垂体腺，释放促性腺激素，这种化学物质会让身体做好准备，排卵或者生成精子。

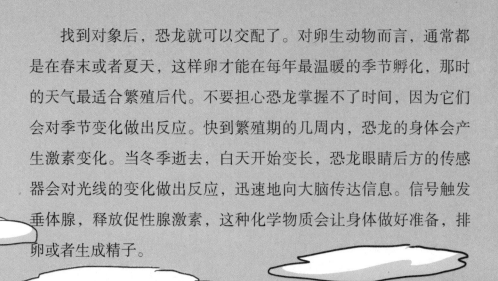

恐龙交配的危险

恐龙这个大块头在交配的时候非常危险。人们通过研究化石发现，交配会造成尾部碎裂、肋骨和椎骨骨折、头部被咬伤，甚至一些致命伤害。所以说，恐龙创造下一代是要冒很大的风险。

恐龙也有一本育儿经吗？

恐龙照顾宝宝的方式各不一样。有的恐龙生下蛋后不怎么照顾，让其自己自然生存；而有的恐龙照顾宝宝却非常的精细。

波塞东龙是一种不抚养自己后代的恐龙，它们通常挖个洞，在里面产卵，然后跑掉。这么做看似无情，其实它们是为了提高数量。照顾后代不仅需要脑力活动，还需要敏锐的感官，波塞东龙两者都不具备，就只能采取以数量取胜的方式了。科学家研究发现，一对波塞东龙一生产下的卵，可以达到成千上万，其中只有两三只能活到成年。因为绝大多数后代会被掠食动物杀死并吃掉。幸运的是，因为幼龙数量多，掠食动物不可能把它们全部吃

掉，这就使有些幼龙有生存下去的可能。

　　从目前的研究结果来看，大部分恐龙都不会照顾自己的宝宝，只有少数几种恐龙才会照顾，它们中最突出的要数有着"好妈妈"之称的霸王龙。与波塞东龙相比，霸王龙则采取了截然不同的育儿方式。因为霸王龙的小宝宝的数量很少，因此小霸王龙刚出生时就受到细致的呵护。霸王龙虽然是令人闻风丧胆的"暴君"，但在小宝宝面前却是一位超级温柔的母亲，尽心尽力地将孩子抚养长大。它会把卵一个个排列好，保卫它们，并留意它们每天的变化。成年霸王龙会看守巢穴3个月，确保后代存活，基因得以延续。霸王龙可谓是所有恐龙中最会照

顾孩子的。

除了霸王龙之外，还有几种恐龙也很会照顾自己的宝宝。

原角龙在干燥的沙质泥土中筑巢，并在巢的外围修一圈低矮的"围墙"。聪明的原角龙会在蛋上覆盖一层沙土，阳光的热量由沙土传递到恐龙蛋上，可以帮助孵出小恐龙。

跟慈母龙同属鸭嘴龙科的鸭嘴龙，也是十分细心的妈妈。每年的同一时间，同一群鸭嘴龙会回到同一个地方，筑巢、产蛋，然后精心地照顾它们的蛋宝宝和刚孵出来的幼崽。

为什么说恐龙蛋很神奇？

在我们的印象中，鸡、鸭、飞鸟这类身披羽毛的动物是通过蛋来繁殖的。其实，恐龙也是通过产蛋来繁衍后代的，只是我们很难想象，像恐龙这么庞大的动物，它们的蛋会有多大呢？恐龙蛋又是什么形状的？恐龙蛋又是如何孵化的呢？

与我们想象的不一样，身躯庞大的恐龙，它们产下的蛋虽然比现生的鸟蛋大，但跟恐龙自身的个子相比就显得小得多。可以

说，恐龙蛋的大小并不与恐龙的身躯成正比例地增长。世界上最大的恐龙蛋化石像哈密瓜那样大，但还极少看见。

为什么恐龙蛋这么小呢？最权威的解释是：如果恐龙下的蛋太大了，蛋白和蛋黄就多，压力就大，蛋壳就承受不了，非常容易破碎。如果蛋壳很厚，恐龙宝宝要出来就很费劲了，宝宝弄不破蛋壳，出不来，就会死在壳里了。

恐龙蛋形态各异，有圆形、椭圆形、长椭圆形和橄榄形等，大小也差别很大，小的与鸭蛋差不多，大的长径超过50厘米。古生物学家还发现，为了增加恐龙蛋蛋壳的厚度，它们的蛋壳上长

有粗糙的条纹和小疙瘩。

  非常有趣的是，并不是所有恐龙的产蛋方式都一样，它们产下的蛋在窝内排列的方式也各不同。比如产长形蛋的恐龙，它们的蛋呈辐射状排列。它们将蛋一层一层地堆起来，中间用沙土隔开，这样一来，通常一窝恐龙蛋多达数十个。而产圆形蛋的恐龙，却是把蛋产在事先挖好的窝内，最后用一些泥沙盖住。用这种方式产下的蛋，蛋和蛋之间靠得比较近，在窝内的排列方式没有一定规律。

  对于恐龙卵生，人们一直深信不疑。但是，美国博物馆馆长贝克却说，雷龙可能不是卵生，而是胎生的。1910年，人们曾发掘出一具成年雷龙的化石骨架，而在这个骨架中竟然含有一个没有出世的小雷龙的遗骨化石。这就证实了，雷龙不是产卵而是直接生出雷龙宝宝。科学家还发现雷龙的脚印化石，大脚印中间出现了小脚印，从而估算出它们的体重不小于135千克，这说明小雷龙一生下来，就已经达到了一定大小，而且能走动了。

世界各地发现的恐龙蛋约为数万枚，但是其中大部分都不清楚是什么恐龙产的。目前为止，发现的恐龙蛋化石大部分是素食恐龙生的，肉食恐龙的蛋却很稀少。

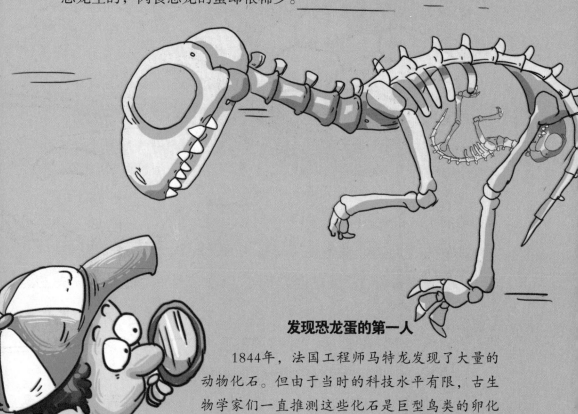

发现恐龙蛋的第一人

1844年，法国工程师马特龙发现了大量的动物化石。但由于当时的科技水平有限，古生物学家们一直推测这些化石是巨型鸟类的卵化石。所以人们通常认为世界上第一批恐龙蛋化石是美国人于1923年在蒙古发现的。

恐龙是靠吃什么为生的呢？

恐龙有植食性恐龙和肉食性恐龙两大类。植食性恐龙的食物非常丰富，而肉食性恐龙却要通过艰难地捕食其他类的爬行动物来获取到食物。

植食性恐龙有着丰盛的食物享用，如松柏、银杏、苏铁、蕨类等植物，都是可以满足不同恐龙的不同口味。据计算，植食恐龙每天的食量大概是其体重的1%，用于维持基本需要就可以了。

也许你禁不住担心了，植食性恐龙食量这么大，它们是怎么消化的。原来植食性恐龙的肠脏器官比肉食性恐龙更大，能消化更多的食物。人们曾经在植食恐龙的化石中发现光滑的石头，科学家们推断，它们可能是帮助恐龙进行消化的胃石。恐龙可能利用这些石头将食物在胃里进行二次加工，碾磨得更细，以利于消化吸收。

肉食性恐龙的种类和体形，在很大程度上决定了恐龙的猎食方式。一般来说，大型猎食者会单独行动，如对于霸王龙这样的大型肉食恐龙来说，它们可是傲视群雄的，可以单独狩猎。因为

它们生性凶猛，找到食物并成功地把对方变成美味佳肴的几率比较大。而且有意思的是，霸王龙捕食的情况可能与现在的狮子、老虎或者龟、蛇差不多，只要成功地狩猎一次，几天没有食物也不至于挨饿。

对于大多数单独的猎食者来说，最好的捕猎场所是森林或是浓密的矮树林，这类环境为它们提供了很好的突袭机会；再者，在这些地方，猎食者经常能有幸捡到被水流冲到林中河岸边的腐肉。

而小型猎食者只能集体觅食，靠互相协作来弥补生理上的不足，以获得更多的食物。古动物学家通过考察恐龙化石，发现了

让人毛骨悚然的场景：侏罗纪时代，整个群落的食草恐龙被多达50只以上的食肉性恐龙围攻。

　　食肉性恐龙成群结队地捕杀猎物的主要原因是，食草恐龙一般个头儿比食肉恐龙要大，有的大好几倍；再加上植食性恐龙一般都过着群居生活，还有各种各样的自卫武器，如棒槌似的尾巴、尖角等，所以单个儿的肉食性恐龙很难下手，于是它们选择集体出动了。

恐龙比大猩猩聪明吗？

过去，人们曾认为恐龙是呆头呆脑的动物。然而，恐龙真的是笨头笨脑的动物吗？如果把恐龙和大猩猩放在一起，它们谁的智商更高呢？关于恐龙的智商问题，科学家们一直没有间断过研究，也持有许多不同的见解。

古生物学家通过计算恐龙的"脑量商"来测量恐龙的智商水平。"脑量商"是根据恐龙的体重、脑量及现生爬行动物的脑量

大小按一定的公式算出来的，被测的恐龙脑量商越小，它就越蠢笨，脑量商越大它就会越聪明。

经过测量，大型蜥脚类恐龙的身体与脑重量之比很大，可达到100000：1，所以它们的脑量商低。它们是一类行动迟缓、笨手笨脚的植食性恐龙。如果敌人来袭击，它们只能躲进深水中逃命，或者依靠自己的大个子，进行抵抗。

剑龙的体重可达3.3吨，但大脑却只有60克重，而一只同样体重的大象，其大脑重量却是剑龙的30倍。所以，剑龙也不是太聪明的动物。但是抵抗来犯者，它们会甩动长有尾锤的尾巴给敌人一点儿颜色看看。

　　角龙是植食性恐龙中比较有心计的一员。当敌人来袭时，它们会针锋相对，发起冲锋，行动也非常迅速。在植食性动物中，最有智慧的应该是鸭嘴龙。鸭嘴龙嗅觉灵敏、视力强，非常机警，能迅速躲避敌害。虽然没有打击敌人的有利武器，但就凭着自己的一些小聪明，鸭嘴龙与自己的敌人——霸王龙周旋了一代又一代。

　　相对于植食性恐龙，肉食性恐龙的脑量商高一些，这表明它们比植食性恐龙要聪明。因为在危险的自然环境中，如果呆头呆脑，不能捕到猎物，就会饿肚子了，就无法生存繁衍下去。如霸王龙就是聪明能干的动物，还有比霸王龙小得多的恐爪龙，但比霸王龙机敏灵巧，捕起猎物来格外凶狠、神速。

有的科学家认为，体形越庞大的动物往往越聪明，它们比小型动物更能驾驭周围的环境。此外，相较于体形较小的动物，大型动物往往寿命更长。而寿命越长，大脑里积累的生活经验越多，就更容易适应周围环境的变化，从而在应变时表现得更为聪明。

因为猩猩与恐龙不是生活在同一个时代，如果要比较的话，肯定猩猩要比恐龙更聪明，因为猩猩是智商仅次于人类的动物。

恐龙之间是怎么交流的？

我们人类通过眼睛、耳朵、鼻子、舌头、皮肤等来感知这个世界，用语言与他人进行交流。那么，恐龙之间是怎么交流的呢？恐龙也有自己的交流方式，它们用独有的信号向同伴传递信息。

视觉交流是恐龙进行信息交流的一个重要方面。每当繁殖季节，像今天的许多鸟类和爬行类那样，雄性恐龙身上会出现鲜艳夺目的颜色，以此宣告自己已准备进行繁殖，有助于雌性选择伴侣。有些肿头龙、角龙雄性恐龙会通过以头相撞来取得与雌性交配的资格。雄性鸭嘴龙等有色彩鲜艳的顶饰，用来吸引异性。在

交配季节，角龙的颈盾的颜色也会显得特别醒目。这些都是恐龙利用视觉的信息交流。

恐龙有灵敏的听觉。恐龙没有外耳垂，不像哺乳动物借助外耳垂提高听力，而是完全靠它们眼睛后面的孔即耳孔来获取外界的声音。对于成群结队的恐龙来说，已经能凭借自己的听力，来进行信息交流。

据推测，恐龙也会发声。大型恐龙会发出咆哮声，鸭嘴龙科恐龙会通过头冠或膨胀的鼻孔等共鸣腔发声。虽然恐龙不能像鸟类那样发出复杂的颤音以及高亢的音调，但能形成自己的"声音语言"，并以此来传达对同伴的警告与指令。恐爪龙经常会集体捕捉猎物。每当这时，它们就更需要信息交流，以表达发现、

追捕或捕到猎物的信号。与其他陆生动物一样，恐龙也非常需要借助声音来发出各种应急信号，如召唤同伴一起保卫领地，交配季节吸引异性等。有的科学家认为，如果能把恐龙当年的声音录下来，我们将会听到各种咯咯声、呼噜声、吼声、咆哮声或哀鸣声，就是一场奇妙的恐龙演奏会。

科学家发现恐龙的鼻孔得到了充分进化，所以恐龙的嗅觉很灵敏。灵敏的嗅觉可以帮助恐龙寻找食物，也可以让恐龙根据气味寻找同伴或求偶。恐龙嗅觉的灵敏程度与鼻子的大小有关。一些脖子较长的恐龙——腕龙有巨大鼻孔，所以可能有较多的嗅觉功能。霸王龙只有小鼻孔，所以它狩猎时不是靠嗅觉，主要靠的

是视觉，就像今天的狼。

对于恐龙世界的捕食者与被捕食者来说，嗅觉和味觉是用来判断、识别对方最常用的方法。植食性恐龙是通过嗅觉与味觉来辨认能吃与不能吃的食物。素食性恐龙有良好的舌头，通常把植物卷作一团，并细细地咀嚼并把它捣烂磨碎。大型的肉食类如异龙通常将大块的肉吞咽下去，可能因为它的舌头结构简单而粗糙，所以不品尝猎物的味道。禽龙有大而宽的鼻孔和嗅觉组织，所以这种恐龙可能有敏锐的味觉，能享受食物的美味。

原来，恐龙的世界并不孤单，而是有着丰富的交流方式和语言。

恐龙有哪些防御武器？

　　自然界里的所有物种都在为捕捉更多的食物和逃避抓捕拼命发挥着自己的长处。在恐龙大家族内部也不例外，它们在不断上演着厮杀和搏斗的场面——肉食恐龙为了追捕猎物，植食恐龙为了活命。于是，在捕食者与被捕食者之间展开了永无休止的生死大搏斗。

　　为了生存，各种恐龙都具有几件获胜的"法宝"，从而达到保护自己的目的。那么，恐龙有哪些武器呢？

肉食性恐龙以进攻性的武器居多。有的恐龙有锐利的尖牙，如霸王龙的牙齿。还有的恐龙有锐利的尖爪，如体形相对较小的恐爪龙，有置对方于死地的利爪。恐爪龙后肢上有两根12厘米长、像镰刀一样锋利的趾爪。它们走路时会把这根脚趾缩起来，避免趾爪与地面接触，捕猎时则将趾爪弹出，可轻松地将猎物开膛破肚。

与肉食性恐龙相比，植食性恐龙的武器一般都是防守性的武器，如厚厚的鳞甲。如果遇到劲敌来犯，它们就往地上一趴，就像刺猬御敌一样让对方无从下手。此外，植食性恐龙巨大的身躯也是最佳的防守武器，支撑着巨大身躯的大脚也是一件有利的武

器，一脚踩下去，对手就有可能没有生还的希望了。

　　植食性恐龙里装备最好的，甚至连肉食性恐龙都闻风丧胆的是角龙类。它们的武器可谓武装到了牙齿，颈部有骨质盾板保护，眼眶上部长有许多尖锐的角，就像现在的犀牛那样。就连称王称霸的霸王龙要是遇上角龙，也只有逃跑。

　　近几年来，科学家们发现蜥脚类恐龙尾巴的末端长有像锤子一样的东西，只要一甩出去，就会重重地打在对方的身上。

　　恐龙锋利的牙齿、爪子以及全身的鳞甲、骨骼突起都有着相应的用途，从而成为它们殊死搏斗中的致命武器，在大自然中演绎着一段段传奇。

彼此相依

　　在一定区域，植食性恐龙与肉食性恐龙的数量保持着一定的比例，共同维持着生态平衡。它们互相依存，互相制约，谁也少不了谁，没有植食性恐龙，肉食性恐龙就会断炊；如果少了肉食性恐龙，植食性恐龙就会无限制地繁殖，从而出现"人口"爆炸。它们会吃光所有的植物，从而毁掉恐龙赖以生存的家园，最后饥饿而死。

恐龙都长有牙齿吗？

　　老鼠的牙齿细小，象的牙齿硕大，狼的牙齿锋利
如刀，马的牙齿厚实耐磨……形形色色的动物有着各
式各样的牙齿，每颗牙齿都讲述着主人独特的生存之道。两亿年
前的大地上，生活着一群恐龙，它们的生活和消失给人类留下了
无数的谜团。那么，它们的牙齿又讲述着怎样的故事呢。

　　所有嗜杀成性的大型肉食性恐龙，都长有非常厉害的牙齿。
如果仔细观察它们的牙齿，你会发现，它们牙齿的形状全都一个
样，只是大小略有不同。科学家称这种牙齿为"同型齿"。

　　肉食性恐龙的牙齿，数霸王龙的最为厉害。在它的大嘴里，

参差不齐地长着很多匕首般的尖牙利齿。牙齿微微地向后弯，边上呈现锯齿状，最大的足有20厘米长。真是刀光剑影，寒气逼人。霸王龙的牙齿清楚地表明，它是一个凶猛的肉食性恐龙，被它咬住的动物，是很难挣脱的。

植食性恐龙也长着同型齿，但不像肉食性恐龙那么尖锐锋利。它们的牙齿有勺子形状的，有钉棒形状的，也有叶片形状的。它们之中，鸭嘴龙的牙齿最为奇特，呈叶状，数量巨多，达2000余个。叶状的牙一个挨一个

长着，密密麻麻排成数行，像锉刀一样。

植食性恐龙牙齿的形状比较多样，有马门溪龙的勺状齿，梁龙的钉状齿，甲龙和角龙带有锯齿的叶状齿，禽龙的锉刀状齿。植食性恐龙的牙齿没有明显尖锐的齿峰，齿根比齿冠细窄，排列非常紧密，并且通常不是均匀分布，像梁龙的牙齿集中在口的前部，而角龙类的牙齿主要长在两颊。

人类成人的牙齿，老牙磨光了后，不再长新牙。有趣的是，恐龙等爬行动物的牙齿生长，总是以新替旧，老牙磨光了，新牙就来接班，一生要换好几次呢！

牙齿是为吃东西才长出来的，如果没有牙齿岂不是就没法吃东西了？有意思的是，有的恐龙嘴里一颗牙也没长。例如似鸟龙就是不长牙的恐龙。不过，这些无牙的恐龙都长有鸟那样的角质喙以及特殊的消化器官，这就是不长牙的秘密。

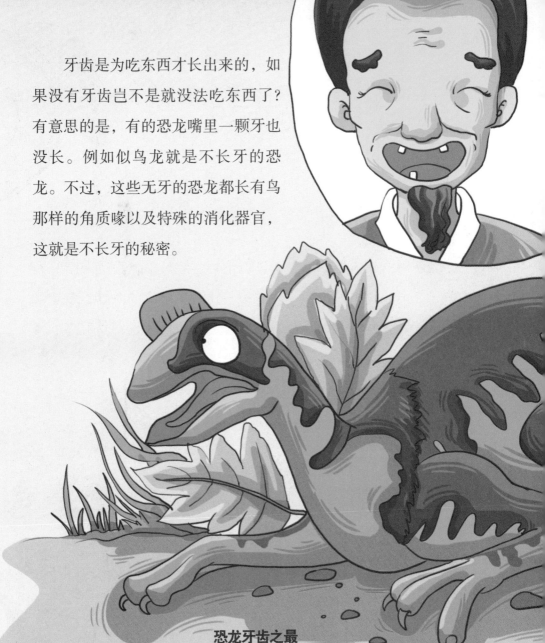

恐龙牙齿之最

牙齿最少的：窃蛋龙没有牙齿，长着像鸟一样的喙。另外，伤齿龙中也有些种类完全没有牙齿。

牙齿最多的：鸭嘴龙有2000多颗牙齿，每个齿槽里同时排列有六七颗牙齿，只有最上面一颗露出使用，脱落后在后面的一颗顶替上来。

最大的植食性恐龙牙齿：生活在白垩纪早期的兰州龙，单个牙齿长约14厘米，宽约4厘米。

最大的肉食性恐龙牙齿：长9.83厘米，发现于西班牙的里奥德瓦，属于一头异特龙。

恐龙的视力好吗？

作为纵横地球1亿6000万年之久的恐龙，它们的视力如何呢？让我们走进恐龙的视界，近距离解秘恐龙视力的秘密。

判断动物视力的好坏，大体上依据两个标准，一是眼睛的大小，二是两只眼睛的位置。恐龙头骨化石上眼眶的大小，多少可以反映其眼睛的大小。一般说来，眼眶越大，眼睛也就越大，视力相应地也就越好。

另外，眼睛生长的位置对视力好坏也有影响，位于头骨前面的眼睛，其视力要比位于头骨两侧的好，而且，两眼之间的距离越宽，对外界物体位置的分辨就越准确。

大多数植食性恐龙都有一双大眼睛，因此，它们具有很好的视力。它们能及早地发现远处的敌害，从而采取有效的防御策略。植食性恐龙中眼睛最大的首推鸟脚类恐龙，因为科学家在它们的头骨化石上发现其眼眶"大而圆"。鸟脚类恐龙的视力超群，这使它们在有"风吹草动"的情况下，很远就能发现危险的信号，并及时采取相应的对策。

蜥脚类恐龙也具有很大的眼睛，也具有很好的视力，加上它们的脖子特别长，常会把头高高举起。这就使蜥脚类恐龙在众多的恐龙类群中，具有最为广阔的视野。剑龙类和甲龙类的眼睛却相对较小，它们的视力要比前两类恐龙差一些，算得上是恐龙里视力最差的了。这可能与它们头部低矮，长期生活在视野较窄的环境有关。

肉食性恐龙的视力也不逊色，它们大都具有一双大眼睛，所以目光敏锐，视力拔萃。其中，尤以恐爪

龙、似鸟龙和窄爪龙的视力最好。它们的眼睛不仅大，而且左右分隔得较开，位置还很靠前，具有"眼观六路，洞察四方"的立体视觉。这些敏捷的捕食者借助立体视觉，能够准确地看清远距离的猎物，以便迅速地捕捉它们。

恐龙的头有什么与众不同？

　　所有动物的头都非常重要，是整个身体的最高司令部，负责指挥、协调全身的运动和各个器官系统的活动。而位于头上的眼睛、耳朵、鼻子、舌头等是重要的感觉器官，有着非常重要的作用：鼻子是呼吸器官，口是摄食的重要器官，耳朵是听觉器官。这些器官可以使动物保持与外界的密切联系，也是动物在自然界生存的重要因素。

　　作为称霸地球1亿6000万年之久的恐龙，头部除了有普通动物具有的特征，还有一些恐龙的头长得比较奇特，

具有非同寻常的功能。

　　角龙类是恐龙家族中很特别的一类。它们的头部长得非常奇特。从原角龙、秀角龙到后来的三角龙等，它们头上的角越来越粗，而且越来越长，数目也有所增加，从一个增加到多个。同时，它们头骨上的一些骨骼还向身体后面扩展、延伸，不仅遮住了颈部，还超过了颈部。

　　角龙这么大的头部就像是布满长矛和利剑的武器。有时候角龙会为了争夺在群体中的领导地位，或者在繁殖季节争夺配偶而展开争斗。当几只数吨重的角龙碰撞在一起时，那场景非常撼人心魄。通常情况下，角龙类争斗的时候非常有分寸，一般会点到为止，不会斗得你死我活。

肿头龙是另一类头部长相有特点的恐龙。作为最大型的肿头龙类恐龙，它们的头是圆穹形的，就像是戴着一个"头盔"，厚度可达25厘米，可别小看这个头盔，这是它们的重要武器，犹如战锤一般，它们会用头部撞击敌人来保护自己，雄性肿头龙还会以撞击头部的方式争夺配偶和在群体内的领袖地位。

还有一种有趣的恐龙——鸭嘴龙，它们的头部具有各式各样的骨质顶饰，骨质的顶饰由鼻部的骨骼向外突起并延伸出来。形状有多种，有管状、铜盔状或圆球状等。虽然鸭嘴龙的头部长相奇特，但没有特殊的御敌功能，遇见敌害，鸭嘴龙只会抓紧时间逃跑。

鲜艳的头盾

牛角龙是白垩纪时期陆地上脑袋最大的动物之一。人们发现的最大的牛角龙头骨长度达2.6米。它长着一个巨大的头盾，眼睛上方有两只尖角，鼻子上方还有一个角。雄牛角龙有着色彩鲜艳的头盾。科学家认为牛角龙的头盾，多用于求偶和争夺配偶的斗争。当敌人来袭时，牛角龙会晃动巨大的脑袋，上面尖尖的牛角使它看起来异常凶猛。此时，即便是最庞大的肉食恐龙恐怕也得惧它三分。

哪些恐龙头上长有角？

　　有些恐龙的头部长有角，有的是一个角，有的有多个角。恐龙长角是为了好看吗？让我们走进头上长角恐龙的世界，来观看一场长角恐龙的时尚秀吧！

　　首先介绍的是原角龙，它可谓是角龙类恐龙的祖先，原角龙是一种原始的角龙，它长着大大的脑袋和粗短的身体，有像鸟一样的喙。从外形上看，原角龙和后来的角龙们长得已经很接近

了，只是它的体形要小很多，而且头上还没有真正长出角来。

原角龙希腊文的意思是"第一张有角的脸"，可见，原角龙是早期的角龙类恐龙。它并不像其他角龙类恐龙那样，头上长着明显突出的角状物，而是在头后部长着像盾牌一样的骨板，可能是用来防御敌人之用的。一般来说雄性的原角龙的颈盾比雌性的要大些。

紧接着，我们再介绍厚鼻龙。厚鼻龙的长相和它的其他角龙类亲戚差不多。它头的后部长有一个大大的颈盾，颈盾的上方还

有两只小角。这种矛与盾的完美结合可以帮助它们抵御敌人和保护自己。厚鼻龙的盾和角还有一个特殊用途，那就是帮助它们降低体温。到目前为止只发现了十几块并不完整的厚鼻龙头骨化石，所以科学家至今也没有弄清楚厚鼻龙的鼻子上到底有没有长角。

第三位出场的是戟龙，它们的外形非常有特点，很容易辨认。它们的鼻子上长有一个约60厘米长的可怕鼻角，这是它们最重要的武器。此外，它们也长着厚实的头盾，头盾上长着4～6个尖角，头盾侧面还长有一些小尖角。远远看过去，戟龙的脑袋还真有点像是一个摆满武器的兵器架。

第四位是大家熟悉的三角龙。三角龙是一种大型角龙类恐龙，它因头上的三根尖角而得名，它的样子令人联想起现在的犀牛。三角龙有一个很大的头，其头盾长度超过2米，可以达到整个身长的三分之一，算得上是头最大的陆地动物之一。如果要问活到最后的恐龙有哪些，三角龙应该算其中之一，它是白垩纪晚期的恐龙代表。

此外还有牛角龙、角鼻龙头上都长有尖角，这些恐龙以独特的外形在自然界生存繁衍着。

哪些是恐龙王国里的之最？

在距今约2.5亿～0.65亿年之间，恐龙独霸了整个地球。在这漫长的时间里，恐龙家族从最初的几个种类繁衍出几百个种类。那么，在恐龙大时代中，恐龙创造了哪些世界吉尼斯纪录呢？

最小的恐龙有多小呢？美颌龙曾被认为是最小型的恐龙，最早被发现的美颌龙化石只有约1米长，体重约3千克。但是，后来人们又陆续发现了几种体形更小的恐龙的化石，如小盗龙、亚洲近颌龙及小驰龙等，它们的长度甚至不足1米。

如果你身处恐龙时代的北美洲，就能够看到地震龙群扬起阵阵尘土，在远古的荒原中缓缓走过。感受着它们那

硕大的脚掌在地面上踏动时产生的一下又一下的颤动，"地震龙"这个名字太名副其实了，这种动物是多么威武雄壮和不可思议。地震龙（现名哈氏梁龙）是恐龙世界中的体长冠军，也是世界上已发现的最大的恐龙。1986年在美国新墨西哥州被发现的地震龙化石，体长超过了50米。

恐龙之中，有没有比较聪明的呢？伤齿龙的个头不大，可能是为了保住性命，整天绞尽脑汁，所以就身体和大脑的比例来看，伤齿龙的大脑是最大的，因而被认为是最聪明的恐龙。

对于恐龙来说，速度也很重要。有些肉食性动物，不断地发展利爪、利齿，但有的却不断地发展速度。奔鸟龙可能是恐龙里面跑得最快的，时速可超过70千米。似鸸鹋龙的奔跑速度

也很快，每小时可达到65千米。这样的奔跑速度，它们与现代的马比赛，都不会输呢！

众所周知，恐龙家族的成员大都体形庞大，但它们中的佼佼者还要数梁龙。梁龙是迄今为止已知的身体最长的恐龙，身长可达27米。梁龙体形庞大，行动迟缓，敌人来了可怎么办呢？不用担心，科学家认为，梁龙面对敌人有绝招。它们常常用强有力的尾巴抽打敌人，迫使敌人放弃进攻。另外，它们还能用后腿站立，用尾巴作为支撑，然后用巨大的前肢来进行有效的自卫。

甲龙是恐龙世界中的"坦克"，虽然它的体长不超过10米，但宽度已经达到约5米。所以，就身材比例来说，甲龙绝对是最宽的恐龙了。它们身体极为笨重，后肢比前肢要长，不适于奔跑，只能在地上慢慢地爬行，再加上它们全身都披着"铠甲"，远远看去就像是一辆缓缓前进的坦克。

最丑的恐龙

肿头龙是恐龙中最难看的。它不仅秃顶，秃顶的四周还有成行成列的小瘤和小棘，如肿瘤一般，让它看起来就像正被某种可怕的疾病折磨着。虽然肿头龙长得难看，但是它们奔跑的速度很快，视力非常好，所以反应敏捷。肿头龙的头虽然长得难看，但却是它们有利的武器。有人认为它们会用头部撞击敌人来保护自己，也有人认为雄性肿头龙会以撞击头部的方式争夺配偶和在群体内的领袖地位。

侏罗纪有哪些恐龙明星?

　　侏罗纪时期，气候变得湿润，许多植物应运而生，为恐龙提供了大量食物，因此，恐龙家族呈现出蓬勃发展、生机繁荣的景象。在这一时期，最早的鸟类出现了，哺乳动物也开始繁衍。

　　侏罗纪时期，众多的植物为恐龙提供着丰盛的食物资源，再加上自然界中又没有生存的竞争对手，于是迅速成为地球的统治者，进入了发展的鼎盛时期。除了陆地上身材巨大的雷龙、梁

龙等恐龙外，水中的鱼龙和飞行的翼龙等爬行动物也继续发展和进化着。

让我们一一来揭秘侏罗纪的恐龙明星们，了解这些明星有什么与众不同的外形特点和绝招。

生活在侏罗纪的雷龙，走路时脚步沉重，每走一步，地面都会震动，如同天上传来滚滚闷雷。于是，科学家给它取了"雷龙"这个形象的名字。

雷龙是一个庞然大物，它身躯庞大，四肢粗壮，脖子比身体还要长。如果它用后肢支撑身体站立起来，可以用"高耸入云"来形容。它的前肢比后肢短，因此行走时臀部高于肩部。雷龙块头很大，因此，奔跑速度不

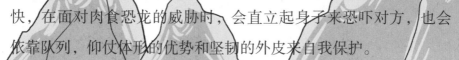

快，在面对肉食恐龙的威胁时，会直立起身子来恐吓对方，也会依靠队列，仰仗体形的优势和坚韧的外皮来自我保护。

如果雷龙的庞大身躯没能让你震惊，那么，生活于侏罗纪晚期的马门溪龙一定会让你咋舌。马门溪龙是蜥脚类恐龙，它是曾经生活在地球上脖子最长的动物。它的脖子到底有多长呢？它的脖子有9～11米长，占了身长的差不多一半。如果让马门溪龙站在网球场的中央，那么它的头和尾巴都会"出界"。马门溪龙之所以这么长，完全是脖子的功劳。因为脖子特别长，所以它行动十分缓慢。

除了在陆地上的植食性恐龙明星，这个时期还有不少肉食性的恐龙明星，如气龙、巨齿龙、蛮龙、美颌龙等。

生活在侏罗纪中期的气龙，拥有很锋利的牙齿，犹如一把

把小匕首，而牙齿的边缘又有小锯齿，这样它能很轻松地撕裂生肉。它的前肢很短，所以走路只能靠有力的后腿。除了拥有厉害的牙齿外，它还有一对强劲尖锐的前爪，可以紧紧抓住小型猎物或撕开大型动物坚韧的外皮。

生活在侏罗纪中期的巨齿龙是最早被科学家命名的恐龙。它又叫"斑龙"，是一种可怕的掠食动物。巨齿龙的牙齿有倒钩，边缘上还长有小锯齿，就像带着锉刀的匕首。巨齿龙一颗牙的大小抵得上同时代小型哺乳动物的整个嘴巴呢！

在人们的印象中，肉食性恐龙大都是丑陋而庞大的动物。其实不完全是这样。地球上也曾存在秀气美丽的肉食性恐龙，它们有修长的脖子、苗条的后腿、小巧的身子……这就是美颌龙，也称为"细颚龙"。

美颌龙虽然外形漂亮，但是捕起猎物来，不像美丽的外表那么温柔。它们的视力很好，目光敏锐，因此在捕猎时看得更准，行动上精确无误。美颌龙嘴里有60多颗牙齿，牙齿虽然小巧，但都非常尖锐，再加上边缘弯曲，对那些小型的猎物而言，可是致命的利器。

侏罗纪时期是恐龙发展的重要时期，种类繁多的恐龙在这地球上演绎着各种传奇和惊心动魄的历史。

长长的足迹

20世纪90年代，一个考察队在土库曼斯坦和乌兹别克斯坦的边境上，发现了20多条恐龙的足迹化石。经过研究发现，这些足迹都是巨齿龙留下的，是迄今为止发现的最长的恐龙足迹化石。这一发现，当时震惊了世界，其中，有5串脚印的长度还打破了之前147来的世界纪录呢！

白垩纪有哪些恐龙明星？

白垩纪是恐龙发展的顶峰时期，恐龙家族出现了前所未有的繁盛，那时候的恐龙数量超过了以往任何时候。可是，到了白垩纪末期，恐龙却完全灭绝了。

白垩纪时期，气候温暖，四季分明，绿树丛生，非常适合恐龙生活。食草性恐龙成群地跋山涉水，寻找枝叶繁茂的地方，共同度过在白垩纪的每一天。肉食性恐龙拥有尖牙、利齿以及力量，它们天天在寻觅猎物，饥饿使得它们勇于进攻比它们大几倍的食草恐龙。可以毫不夸张地说，肉食性恐龙掌握着植食性恐龙的生死存亡大权，但有的时候，它们的性命也在别的食肉性恐龙的手中。让我们一起来看看白垩纪时期的恐龙明星吧！

有史以来陆地上最大的肉食动物——霸王龙出现在白垩纪。它的牙齿非常锋利，有15厘米长，而它的体重足有3头大象加起来那么重。霸王龙的头非常大，最大的霸王龙的头骨有1.5米长。其头骨结构也很有意思：颅骨上有些孔洞，可减轻重量。霸王龙有强壮的后肢，但它的前肢显得很细小。细小的前肢上面有尖利的爪子，非常地厉害。和大部分肉食恐龙一样，霸王龙用两足行走，靠又长又重的尾巴来保持身体的平衡。

与霸王龙同处一个时代的恐龙很多，角龙就是一大家族，其中以三角龙最为著名。在三角龙的额头上，生长着两只1米长的尖角，还有一只角长在鼻子部位，短而厚重。角龙类恐龙都长着一个又大又重的头盾，能起保护作用。

生活于白垩纪早期的穆塔布拉龙非常有特点。它因其化石发现地而得名，它是禽龙大家庭中的一员。穆塔布拉龙曾经生活在澳大利亚，它最显著的特征是鼻孔后方有一个隆起。这个隆起是中空的，但是非常巨大，目前

还没有确切的证据表明它的用途。科学家推测，它可能是穆塔布拉龙用来发声的工具，作用是和同伴交流或吸引异性。

生活在白垩纪晚期的萨尔塔龙可谓与众不同。在白垩纪晚期，大部分长脖子的植食恐龙都已经灭亡，它们的领地也逐渐被啃食低矮植物的矮个子恐龙占领。但是，在南美洲的阿根廷境内，像萨尔塔龙这样的长脖子恐龙仍然很多。

一般长脖子恐龙都是以巨大的身体和鞭子一样的尾巴来保护自己，而恐龙世界里大概只有萨尔塔龙是个例外——它既有长长的脖子，又身披"铠甲"。萨尔塔龙的"铠甲"由如人手掌大小

的骨质甲板和散布在这些甲板之间的坚硬小突起组成，这样的结构有助于增强萨尔塔龙的自我保护能力。

在这一时期，恐龙发展达到极盛，与此同时，许多新的恐龙种类也开始出现。在陆地上，出现了如食肉牛龙这样的大型肉食性恐龙。还有在天上飞的，像飞机一样的翼龙类，如披羽蛇翼龙在大空中滑翔。还有在海里游的，巨大的海生爬行动物，如统治着浅海的海王龙等。

幸存者

我们都知道，龟是长寿的动物。可你知道吗，龟还是一种古老的动物，它们早在2亿年前就出现了，与恐龙是同时代的动物。虽然，恐龙灭绝了，但它们并没屈从，它们在漫长的世纪更迭中，为了生存的需要，有的迁入大海，有的深居内陆，有的栖居江河中。经过自然筛选，龟类分化成了海龟和陆龟两大类。

背上长扇子的恐龙会扇风吗？

夏天，天气炎热的时候，我们有时候会吹电风扇。在恐龙家族中，有不少恐龙背上有一把扇子，不知道这是不是它们在天气炎热的时候用来扇风的工具呢？

生活于白垩纪中晚期的棘龙是一种身躯庞大、性情凶狠的肉食恐龙，之所以出名，不是因为它的体形庞大，而是因为在它们的背部长有一个巨大的帆状物。这个大"帆"由几

根巨大的长棘骨支撑，中间由肌肉和皮肤连接着。在树林里行走时，远远地看过去，棘龙就像一条在绿色的海洋中行进的帆船。只不过，它是恐龙家族中凶狠的"海盗船"。近看，棘龙身上的帆又像是扇子，那么它会扇风吗？

科学家们认为，棘龙背上的帆状物虽然不能扇风，但却是棘龙调节体温的工具。帆状物会在阳光下吸收热量，并通过血液循环将热量传遍全身；在酷热的季节，则帮助释放多余热量，以降低体温。棘龙的口中长满了圆锥状的锋利牙齿，但牙齿上没有锯齿；眼睛前方有一个小型突起物；棘龙的帆状物不能收拢，也不能折叠，这决定了它们不可能击败或吃掉大型恐龙，否则，猎物

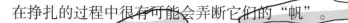

在挣扎的过程中很有可能会弄断它们的"帆"。

与棘龙生活在同一时代同一时期的豪勇龙又名无畏龙，意思是"勇敢蜥蜴"，是一种奇特的禽龙类。它的体形比棘龙小很多，身长7米，重达4吨。但它背上同样有一个帆状物，作用与棘龙的一样。

豪勇龙的大型背部帆状物，由又厚又长的脊椎神经棘支撑，长度约为50厘米。背部帆状物横跨整个背部与尾巴，与同时代著名的肉食性恐龙棘龙类似。事实上，这些高大神经棘并不完全类似棘龙的帆状物。其他恐龙的棘柱末端会变细，而豪勇龙的棘柱末端则是变厚。豪勇龙的棘柱由肌腱连接在一起，可使背部更加牢固。最后，棘柱长度在前肢位置达到最长。科学家又认为，豪勇龙的所有这些特征，并未拥有帆状物，而是隆肉。

豪勇龙的隆肉除了有与棘龙的帆状物一样的功能外，还能用来储藏脂肪或水，以度过季节性、干旱的气候，就像骆驼的驼峰一样。隆肉储藏脂肪或水，也可能是为了长途迁徙，或者是强化前肢以便更节省地长程迁移。隆肉还有吓退和阻碍敌人的作用，因为隆肉的存在使得豪勇龙看起来比实际体形还大，威吓竞争对手或掠食者。

这些背上带有帆状物的恐龙，既能散热还能贮存热量，真让人大开眼界。

你知道哪些恐龙头上长竖笛？

音乐课上，嘴对着长长的竖笛吹气，就能吹出美妙的音乐。而且，随着手指堵住的孔眼的不同，会发出不同的声音。也许你会觉得神奇，在恐龙的世界里，有一些恐龙如副栉龙的脑袋上面也长了一个竖笛一样

的头冠，它是不是也能发出声音呢，它是不是通过对头冠上的窟窿眼儿一闭一合来发声的，让我们飞到恐龙时代里去，去认识了解这些恐龙吧！

副栉龙、冠龙、青岛龙头部都有头冠，它们都属于鸭嘴龙科，这些恐龙在后期非常繁盛。它们的头冠能发出声音吗？让我们一一来探究它们的秘密。

在鸭嘴龙类恐龙大家族里，副栉龙的"帽子"是众多亲戚中

最高、最长的。副栉龙奇特的头冠呈管状，向头部的后方延伸出去。这一头冠是中空的，与鼻腔相连。科学家发现，有一些副栉龙化石的头冠长达1.8米。

副栉龙头冠有什么作用呢？最初有人认为副栉龙头冠的作用是增强嗅觉，或充当水下通气管。较新的发现证明，这个头冠实际上是一个共鸣箱，可以增强副栉龙的发声效果，以帮助它与同伴交流，并用于求偶。

生活在白垩纪时期的青岛龙，外形和鸭嘴龙并没有很大区别。只是它们的头上多出了一只细长的角，有点像独角兽。它是在中国发现的最著名的有顶饰的鸭嘴龙化石。关于它的这只角，有人认为是一种装饰，也有人认为这个长刺般的角冠能起到武器的作用。

　　青岛龙是植食性恐龙，以树叶、果实和种子为食。和不少植食性恐龙一样，青岛龙也是群居的。它们一起进食、一起活动，这样能够互相帮助，还安全了很多。青岛龙虽然达几吨重，但它的脑子很小，只有200～300克重，由此看来，它应该不太聪明。

　　恐龙们都有保护自己的绝招，但是有些天性温和的恐龙是不会主动攻击其他动物的。通过进化，它们只具备了最基本的防御能力，如冠龙。冠龙属于鸭嘴龙科中的一种，生活在白垩纪的北美洲。根据化石可以知道，冠龙的脑袋顶端有个高高耸起的骨质头冠，其鼻腔一直从面部延伸至头冠。科学家推

测，冠龙的头冠是用来发声的，能保证同类之间的交流或是吓阻肉食性动物的进攻。

　　虽然副栉龙、冠龙、青岛龙的头冠不会像竖笛那样吹出动人的音乐，但是它们却能发出声音，是这些恐龙交流的工具，非常重要呢！

会发声的"手套"

　　迄今为止，赖氏龙是所发现的鸭嘴龙中体形最大的一种，几乎和霸王龙一样大。赖氏龙体形很庞大，它是不是也像霸王龙一样凶狠呢？事实不是的，它是个性情温和的植食性恐龙，不会欺负别的动物。赖氏龙喜欢有水的地方，还喜欢集体生活。特别有意思的是，赖氏龙的头冠长相奇特，就像一只手套。这可不是没用的装饰物，它是它们的发声工具。如果哪只赖氏龙掉队了，它就会发出低沉的声音，来和同伴取得联系。

哪些恐龙的脖子很长？

有一些恐龙的脖子很长，像儿童乐园的滑梯，小朋友们简直可以在上面坐滑梯了。那么，这些有着长脖子的恐龙都是哪些恐龙呢？震龙、梁龙、腕龙和雷龙等都是长脖子的恐龙。

生活于侏罗纪晚期的梁龙是恐龙中体形比较庞大的一种。它们的头很小，看起来像马头。口腔的前端有像钉子一样的牙齿。它们的身体比较笨重，所以必须要有粗壮的四肢才能够支撑。最让人惊异的是，梁龙有长长的脖子。梁龙的身长约27米，其中脖子占了7米多长。

由于梁龙身长脖子长，所以能够得着较高的植物，使它们可以吃高树上的叶子。除此之外，古生物学家还研究发现，梁龙能

够将头颈部高举，以警戒四周的环境，但它们的颈部结构并不能过度向上弯曲。科学家还发现，梁龙的颈部可以下垂至45度，所以有时候，它们也会吃水中的植物。

梁龙的脖子为什么会这么长呢？传统的观点认为，梁龙的长颈是为适应食性而发展出的。也有科学家提出，梁龙的颈可能是用作求偶的视觉展示物，而其他的因素则是其次。这个假设已被科学家证实不成立。

在电影《侏罗纪公园》里，那些在河里伸着脖子长啸，却并不攻击人类的可爱的大恐龙，就是腕龙了。腕龙是明星级的恐龙，因为它们有"最大"和"最重"两个之最的桑

誉。腕龙这种侏罗纪时期的庞然大物，因拥有粗壮的四肢和长颈鹿一样的长脖子而闻名。腕龙可以像起重机一样伸长脖子，从四层楼高的大树上扯下叶子，或低头用凿子一样的牙齿撕碎低矮的蕨类植物。

震龙是超大恐龙的代表龙，第一只震龙化石于1991年被发现。震龙有一个长长的脖子，小脑袋，以及一条细长的尾巴。震龙脖子虽然很长，但由于颈骨数量少且韧，因此震龙的脖子并不能像蛇颈龙一样自由弯曲。

长长的脖子让这些恐龙拥有伟岸的身躯，这是自然界长期进化的结果。

剑龙会表演魔术吗？

魔术表演非常有吸引力。不知道你有没有看过这样的表演场景，一个人躺进一个像棺材一样的长箱子里，魔术师在箱子上插上许多剑。这种场景让我们想起了剑龙，剑龙的身上也有一把把像利剑一样的骨板，难道这是剑龙在表演魔术吗？

剑龙是一种行动迟缓的植食性恐龙，是剑龙科恐龙中体形最庞大的成员。剑龙的身材极不成比例，身长就像一辆公共汽车，但头却小得出奇，是已知头部相对于身体最小的恐龙之一。剑龙让人印象最深的是，从颈部沿背脊至尾巴中部生长着两排三角形的骨板，就像一把把利剑一般。这可不是它们在变魔术，而是身体与生俱来的。有人认为这些骨板可以用来调节体温，又有人认为它们可用于御敌，还有人认为这些骨板可起到炫耀作用。

1974年，第一具完整的沱江龙骨骼化石在长江的支流沱江被发掘出土。虽然和生活在北美洲的剑龙相隔万里，但沱江龙还是属于剑龙大家庭中的一员。沱江龙的牙齿十分纤弱，只能稍微咀嚼就把食物吞咽下去。不过，从脖子、脊背到尾巴，沱江龙长有两排尖利的骨板，就像一把把利剑，可以让来犯的敌人无从下口，从而保护自己。不仅如此，沱江龙的尾巴末端有4根骨刺，当

敌人来袭的时候，它会站在原地，用尾巴猛抽敌人。

　　与剑龙生活在同一时代的钉状龙，个头可比剑龙要小得多，只有剑龙的四分之一大。它用四条粗短的腿支撑起沉重的身躯，啃食地面低矮的灌木。与剑龙相比，钉状龙身上的骨板已经有了进一步的变化——从脊背到尾巴的两排骨板，逐渐地变长、变窄、变尖，双肩或者后腿两侧还额外长出了一对利刺。钉状龙这种尖刺非常锋利，这可是它防身的武器。

两个脑子

　　钉状龙的身材在恐龙家族中算中等，而它的头就更小了。据推测，它的大脑只有核桃般大。如此小的大脑可能无法控制庞大的身体，因此，科学家猜测，在它的臀部附近或许还有一个较大的脑子，用于控制后肢和尾巴的神经，或是储存糖原体来激发肌肉的功能，其他剑龙类恐龙也可能如此。

什么恐龙会偷蛋?

在种类繁多的恐龙世界里,有一种恐龙会偷别的恐龙的蛋,它也因此而得名——窃蛋龙。关于窃蛋龙名字的由来,还有一个有趣的故事呢!

1923年,一支由多国科学家组成的科学考察队在蒙古大戈壁上,挖掘出一窝原角龙蛋的恐龙蛋化石。而趴在这窝蛋上面的不是原角龙,而是一只不知名的恐龙骨骸。科学家们认为这是一种专门偷吃恐龙蛋的恐龙,于是给它起了一个不好听的名字——窃蛋龙。

让我们走进窃蛋龙的世界,一一撩开它的面纱,看看窃蛋龙是不是真的是窃贼,真的会偷别的恐龙蛋。

1990年，中外科学家在我国内蒙古联合考察的时候，发现了完整的窃蛋龙骨架，它正卧在一窝恐龙蛋上面，像是在孵蛋。看样子是正在孵蛋的时候被突如其来的沙尘暴掩埋了。学术界以前对窃蛋龙的判断是错误的。可惜，根据国际动物命名的相关规定，窃蛋龙的名字之前定下来，就不能修改了。

看来，窃蛋龙还背负着偷蛋的罪名，没法被正名了。那么，它们还有哪些特点呢？原来，窃蛋龙群体生活在一起，成年的窃蛋龙往往把卵产在用泥土筑成的圆锥形的巢穴里。窃蛋龙的巢穴中心一般1米深，直径2米，每个巢穴之间相距7~9米远。有时候，窃蛋龙会用植物的叶子覆盖在巢穴的上面，利用植物在腐烂过程中产生的热量，进行自然孵化。

窃蛋龙生活在白垩纪晚期，身长约两米，大小如鸵鸟般，长有尖爪、长尾。窃蛋龙拥有纤细、空心的骨骼，后腿的小腿骨比大腿骨长，这表明它行动敏捷，跑得很快。鸵鸟每小时可以跑80千米，科学家估计，如果窃蛋龙拥有与鸵鸟相似的生理机能，它奔跑起来也能达到这个速度，也就是说，窃蛋龙有可能是温血动物。

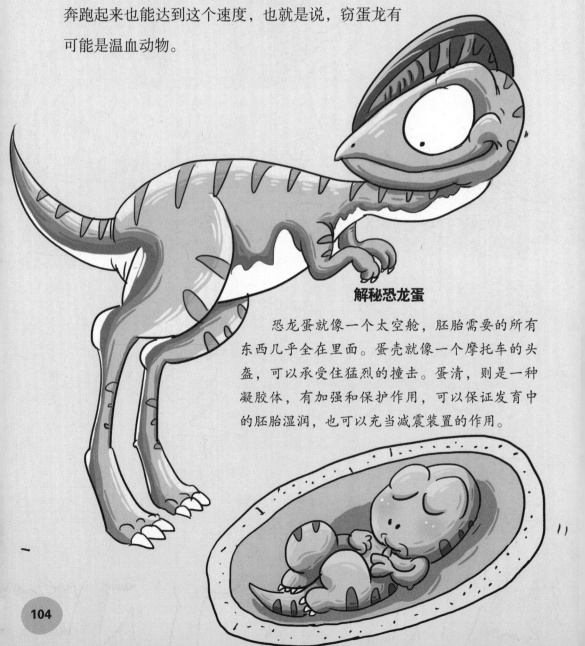

解秘恐龙蛋

恐龙蛋就像一个太空舱，胚胎需要的所有东西几乎全在里面。蛋壳就像一个摩托车的头盔，可以承受住猛烈的撞击。蛋清，则是一种凝胶体，有加强和保护作用，可以保证发育中的胚胎湿润，也可以充当减震装置的作用。

有会飞的恐龙吗?

恐龙种类繁多,遍布地球,有水里游的,陆地上跑的,那么,有在天上飞的恐龙吗?在与恐龙同一时代里,生活着一种会飞行的翼龙,可它们并不属于恐龙,它们是一种会飞的爬行动物。

虽然那时候,天空中已经出现了鸟类。然而,那时的鸟类非常脆弱,翼龙占据白垩纪的天空。翼龙是最早出现的能飞行的脊椎动物,它们生活在三叠纪晚期到白垩纪末期。翼龙有两大类:一类是尾巴很短的翼手龙;另一类就是有长尾巴的喙嘴龙,以真

双型齿翼龙为代表。

真双型齿翼龙的面貌非常丑陋，硕大的眼眶挂在头部两侧，突出的喙上面长满了尖利的异型齿。它的尾巴很长，像是一根鞭子，尾巴的末端还有一块舵状的皮膜。真双型齿翼龙住在海岸边，以鱼类为食。它们从来都不用担心填不饱肚子，因为在三叠纪时期的海洋充满了生机，众多生物生活在海洋中，比如菊石、箭石等贝类生物，以及成群游荡的裂齿鱼等。

在天空中所有会飞的爬行动物中，风神翼龙是空中的霸王，它的个头非常大。未成年风神翼龙的头骨长1米，翼展5.5米，而成年的风神翼龙翼展能达到11～15米！如果风神翼龙生活到现在，

它仍能成为空中唯一的霸主。

风神翼龙的身体结构非常适合滑翔。它对风有极强的驾驭能力，会积极主动地去寻找附近的上升气流。借助着上升气流，风神翼龙可以像鸟类一样进行长途飞行。如果风神翼龙上升到5千米的高空，它甚至可以不动一下翅膀就滑翔50千米！

白垩纪时代的翼龙几乎都以鱼类为主食，它们各自练就了不凡的捕鱼本领。生活在白垩纪早期的准噶尔翼龙是其中的佼佼者。

1964年，中国科学家在新疆准噶尔盆地的一条小沟里发掘出了一整套翼龙化石。因为发现地是准噶尔盆地，所以这种翼龙被命名为"准噶尔翼龙"。准噶尔翼龙的厉害之处在于那张与现代食鱼鸟类相似的利嘴。尤其让鱼儿们感到胆寒的是，它的嘴里还长有25～27颗锋利的牙齿！不俗的飞行能力配以长嘴尖牙，准噶尔翼龙的整体攻击力不容小觑。

这些在天空中飞翔的爬行动物，与恐龙同一个时代，共同演绎着自然的传奇。

无齿翼龙

其他翼龙都有或多或少的牙齿，而无齿翼龙却只有一个长长的尖嘴。和其他翼龙一样，无齿翼龙不能飞行，必须借助气流滑行。奇妙的是，无齿翼龙在休息时与蝙蝠一样，倒挂在树枝上休息。与其他翼龙最为不同的地方是无齿翼龙的头比较大，体长约1.8米，翼展达7～9米。它的头部前方长着长长的尖嘴，而后方是一个长长的尖角状骨冠。这个骨冠的作用非同小可，可以帮助无齿翼龙平衡头部。

恐龙化石是怎么形成的？

　　人类从来没有见过恐龙，如今对恐龙的了解是通过研究恐龙的化石而推测出来的。那么，恐龙化石是怎么形成的呢？

　　恐龙死亡之后，尸体逐渐被泥沙覆盖，身体中的软组织因腐烂而消失，层层沉积物包裹住了恐龙的骨骼，但是骨骼和牙齿等硬组织却会沉积在泥沙中，在隔氧环境之下，经过几千万年的沉积作用，恐龙的骨骼和牙齿逐渐变化。

　　因为恐龙的骨骼和牙齿等坚硬部分是由矿物质构成的，矿

物质在地下往往会分解和重新结晶，变得更为坚硬，这一过程被称为"石化"。随着覆盖的沉积物不断增厚，恐龙的遗体越埋越深，最终变成了化石，而其周围的沉积物也变成了坚硬的岩石。此外，恐龙的脚印、蛋等偶尔也可能形成化石保存下来。

　　千万年以后，地壳不断地发生着运动，地壳的上升可能将恐龙化石重新推至地表。于是，人类能不断地发现恐龙的化石并挖掘出来。探寻恐龙化石的最佳地点是在中生代沉积岩露出地表或接近海岸的地方。

那么，恐龙化石的挖掘工作怎么进行的呢？在发现恐龙化石的埋藏地点后，考古人员将大块的化石从坚硬的岩石中剥离并挖出，这需要大批工作人员耗费很长的时间才能做到。在这个过程中，做好相关的记录很重要。

山路边、采石场、海岸、悬崖、河岸甚至煤矿都可能存在化石，都有可能是挖掘的地点。在恐龙化石的挖掘中，地点不同挖掘的方法也不同。如在沙漠地区，工作人员只要把上面的沙子清除，就可以清理出骨骼来。但是要挖掘埋在硬岩层里的大骨架，就得使用开路机或强力切割机等大型工具。

今天还有活着的恐龙后代吗？

中生代在地球历史上经历了1亿多年，恐龙作为那个时代地球的统治者，盛极一时，但仍然免不了灭亡的命运。那么，现在还存活有恐龙的后代吗？

有些古生物学家提出：恐龙并没有灭绝，它们依然生存到现在，只不过是以鸟类的形态存在。英国学者赫胥黎在1868年提出，鸟类起源于恐龙。从此以后，学术界关于鸟类与恐龙关系的争论就没有停止过。

20世纪70年代后，伴随着古生物化石发掘的高潮，许多有关于鸟类起源于恐龙说的证据被发现。尤其是中国三塔中国鸟化石

的发现，震惊了古生物学界。学者们发现，三塔中国鸟同时具有恐龙和现代鸟类的双重特征，即拥有爬行动物的骨盆，却拥有鸟类那样中空的骨骼、长长的羽毛，并且尾巴上已经没有了骨节，而进化为现代鸟类的尾棕骨。三塔中国鸟的发现，更加坚定了一部分学者关于鸟类起源于恐龙的论断。

通过对已出土的恐龙化石的研究，科学家们又更进一步地发现，恐龙在某些生活行为和生物特征上与现代的鸟类非常相似。例如在很多植食性恐龙的化石腹腔内都发现了石子，科学家推测，恐龙吞食石子是为了帮助消化，这一特点跟现代的鸟类相似。此外，绝大多数恐龙都是卵生动物，其中一小部分恐龙会亲自孵化自己的后代，比如慈母龙和窃蛋龙，这也与鸟类极为相

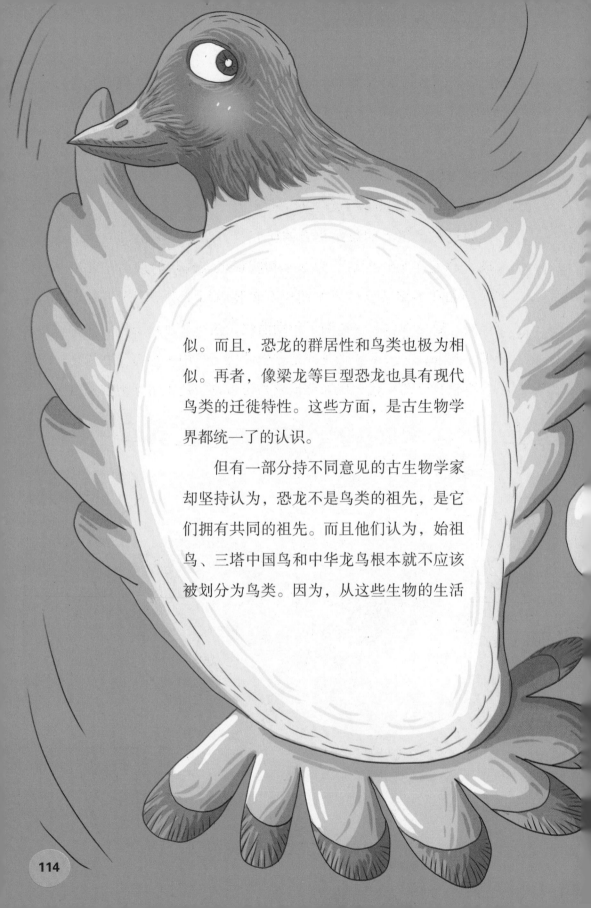

似。而且，恐龙的群居性和鸟类也极为相似。再者，像梁龙等巨型恐龙也具有现代鸟类的迁徙特性。这些方面，是古生物学界都统一了的认识。

但有一部分持不同意见的古生物学家却坚持认为，恐龙不是鸟类的祖先，是它们拥有共同的祖先。而且他们认为，始祖鸟、三塔中国鸟和中华龙鸟根本就不应该被划分为鸟类。因为，从这些生物的生活

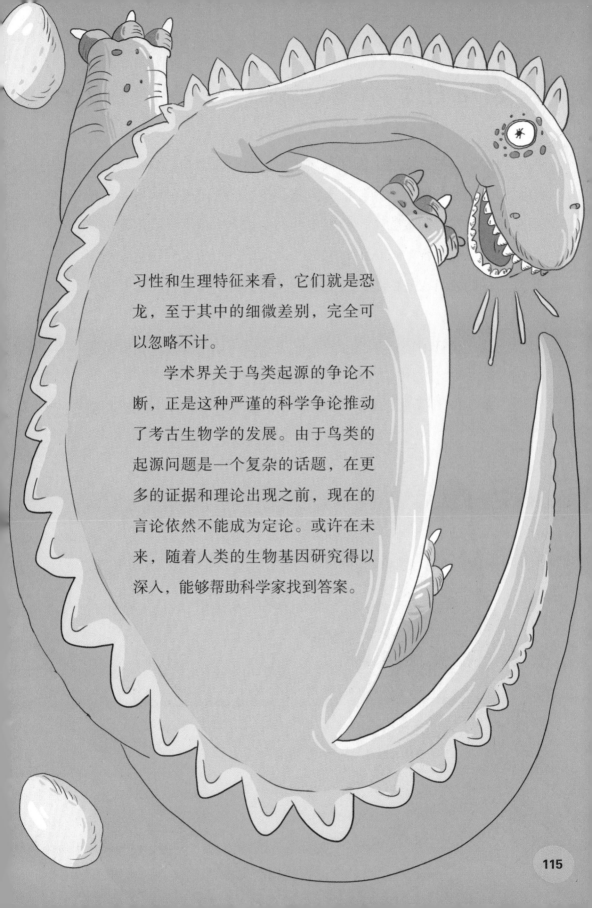

习性和生理特征来看，它们就是恐龙，至于其中的细微差别，完全可以忽略不计。

学术界关于鸟类起源的争论不断，正是这种严谨的科学争论推动了考古生物学的发展。由于鸟类的起源问题是一个复杂的话题，在更多的证据和理论出现之前，现在的言论依然不能成为定论。或许在未来，随着人类的生物基因研究得以深入，能够帮助科学家找到答案。

恐龙也有亲戚吗?

中生代时，地球上生存着10个目的爬行类动物，恐龙和同时代的大部分的爬行动物，绝大多数都没有能够逃过6500万年前的那场大劫难，而成为历史长河中的匆匆过客，留下无数的未解谜团。但也有少数的成员，它们的"命大"，从中生代一直繁衍至今。这些成员仅有四类：它们分别是龟鳖目、喙头目、鳄目和有鳞目。

这些爬行动物没有同恐龙一起灭绝而一直活到今天，究其原因，可能与它们对环境有较强的适应能力有关。

龟鳖目的历史和恐龙一样古老，它们在三叠纪中期或晚期就

出现了。今天，龟鳖目分布相当广，在森林、平原和海洋里都有它们的踪迹，其中象龟、海龟的个头比较大。

龟类是一种长寿的动物，只要人类保护得力，它还将继续生存下去。

生存在现代的喙头目，目前人们只发现了一种，就是喙头蜥。这种蜥蜴头骨上有4个颞孔，目前生活在新西兰。喙头目的历史同样要追溯到三叠纪时期，它们在三叠纪时期曾经遍布全世界，但之后它们便一蹶不振。

鳄目也出现在三叠纪时期，它们的祖先是原鳄。鳄目的特点是会游泳，具有攻击性，食肉。它们虽然在进化环节上处于较低

等的层次，但在攻击性上可以与狮子、老虎相媲美，这可能是它们免遭灭绝能得以繁衍的原因。

有鳞目包括蜥蜴和蛇，它们是今天种类和数量最多的爬行动物。目前世界上最大的蜥蜴是科莫多巨蜥，它的行为模式很像恐龙。

蛇类在地球上生存已经有1.5亿年的历史了，它们其实是四肢退化了的蜥蜴。它们没有脚，只靠肌肉有节奏地伸缩蠕动进行爬行。蛇类的身体和尾巴上的椎骨很多，像一条带子。在2700万年前，蛇类中的一些进化出了毒性强烈的毒牙，这使它们成了令其他生物望而生畏的物种。蛇类习惯在密林和岩缝里生活，这种生活方式极其隐蔽，同时也是它们久盛不衰的原因之一。

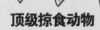

顶级掠食动物

滑齿龙是一种大型、肉食性海生爬行动物，它生活在侏罗纪中晚期，嘴里布满尖锐的牙齿，是侏罗纪中晚期海洋里的顶级掠食动物，还是有史以来最强大的水生猛兽之一。在侏罗纪晚期，它庞大的身影在4片巨型桨鳍的驱动下，威严地游弋在浅海水域。在这样一台类似吞噬机器面前，鳄鱼、利兹鱼、鱼龙甚至其他上龙类都要退避三舍，否则难逃噩运。科学家们曾在考古挖掘现场发现了一些水生爬行动物的残肢化石，如大眼鱼龙的半个头骨，蛇颈龙的半截躯干等。种种迹象表明，滑齿龙很可能是头号嫌疑犯。

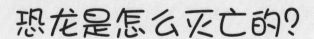

恐龙是怎么灭亡的？

　　约2亿年前，恐龙家族兴旺发达，整个地球几乎就是恐龙的世界。那时候，陆地上有各种各样的恐龙。然而，6500万年前，不知发生了什么灭顶之灾，使这种在地球上显赫了1亿6000万年的动物突然灭绝，与它们同时期的其他生物也有70%灭绝了。

　　究竟是什么原因导致了这场全球性的灾难，这给人们留下的是种种猜测。有人说是小行星撞击地球，也有人说是由于气候变迁，有人说是物种斗争，还有人说是大陆漂移，有人说是地磁变化，更有人说是被子植物中毒或酸雨。

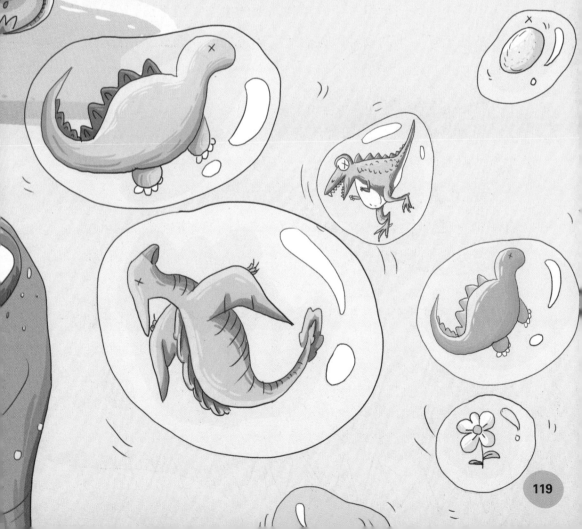

到底哪种原因是正确的，我们很难判断，让我们先从小行星撞击地球说起。

2010年3月，美国《科学》杂志发表了一份关于恐龙灭绝的研究报告。由41名科学家组成的国际研究小组得出结论：恐龙大灭绝是小行星撞击地球导致。他们认为，6500万年前，一颗直径可能达15千米的小行星撞击了今天墨西哥境内，撞击所产生的巨大能量是二战时期美国在日本广岛投放的原子弹爆炸能量的10亿倍以上。地球被撞出一个特别巨大的深坑，坑的深度相当于一座喜马拉雅山的高度，使大气层形成了约1000亿～5000亿吨二氧化硫和粉尘。这些物质遮蔽了阳光，引发了全球性的酸雨，使地球进入了寒冷的冰河世纪，使海洋和陆地的生态系统都遭到严重破坏，地球上近一半的物种因无法适应环境的剧变而灭绝，其中就包括恐龙。

其次，还有一种说法较多的是气候变化说。

恐龙是中生代地球的统治者。随着中生代的结束，巨大的恐龙，海洋中的鱼龙、蛇颈龙，天上的翼龙等，都没有活到新生代。新生代就像一扇大铁门，除了放过龟、鳄、蜥蜴等极少数爬行动物，把绝大多数爬行动物都拒之门外。按常理来说，龟、鳄、蜥蜴既然能生存下来，一些个体不大、生活习性与它们类似

的恐龙也应该能生存下来，但是它们也灭绝了。这是为什么呢？

一些科学家提出了气候变化说。这种理论认为，中生代时期的地球，分布着大片平原、河谷和数不清的湖泊、沼泽，气候温暖、湿润、四季不明显。但是到了白垩纪，具体来说是从白垩纪中期开始，地球上的气候和环境发生了巨大的变化。稳定了很长时间的地壳开始活动了，大陆漂移，海平面下降，一些地区的地壳开始隆起。在那个时期，地球的两极开始变冷，慢慢出现了四季分明的气候，植食性恐龙爱吃的裸子植物逐渐消亡，取而代之的是大量的被子植物。

植食性恐龙发生了粮荒，因为它们不能吃被子植物含有有毒生物碱的硬叶子，许多植食性恐龙可能因此灭绝了。植食性恐龙的减少，直接导致肉食性恐龙的数量大大减少。

另外一方面，大批恐龙产下的卵，因为温度的降低而不能孵化出适当性别比例的小恐龙。这一点是有据可查的。由于中生代末期地球温度变化，孵化出来的小恐龙的性别极有可能是单一的，从而导致恐龙因无法传宗接代而灭绝。

　　以上说法是有一定道理的。但是，它不应该是导致恐龙灭绝的唯一原因，因为同时代的龟、蛇、鳄、蜥蜴等爬行动物并没有灭绝，而是适应了环境的变化生存了下来。地球的气候变化，实

际上从白垩纪中期就开始了。那时候，恐龙仍在地球上无忧无虑地生活着。而且，恐龙中总应该有些种类会像鳄、龟那样，适应环境而生存下来。可令人惋惜的是，恐龙家族没有活下来一个成员。可见，单说气候变化使恐龙灭绝，不能完全令人信服。

酸雨中毒说是关于恐龙灭绝的另一种猜想。在白垩纪，许多恐龙共同生活在温暖潮湿的地球上。这个时候，地球已经开始悄然改变，造山运动活跃起来，板块与板块间的碰撞十分激烈。大地出现了轻微的震动，火山喷发了。大量的烟雾升上天空，遮蔽了阳光。火山喷发停止后没多久，天空开始下起了雨。这些雨水是包含了很多酸性化学物质的"酸雨"。

在此后的一段时间里，火山不停地喷发，酸雨也越来越频繁。植物吸收了泥土里的雨水，也一并吸收了雨水中的酸性物质。酸雨中含有有毒物质锶。锶是一种有毒金属，累计摄入过多就会导致死亡。火山喷发导致雨水中包含大量的锶，锶经过植物和水进入恐龙体内，导致了恐龙集体死亡。